Marina Stoll

Public-Key Verschlüsselung
von der LPN-Annahme

BACHELOR
MASTER
ublishing

Stoll, Marina: Public-Key Verschlüsselung von der LPN-Annahme, Hamburg, Bachelor + Master Publishing 2016
Originaltitel der Abschlussarbeit: Public-Key Verschlüsselung von der LPN-Annahme

Buch-ISBN: 978-3-95993-016-1
PDF-eBook-ISBN: 978-3-95993-516-6
Druck/Herstellung: Bachelor + Master Publishing, Hamburg, 2016
Zugl. Ruhr-Universität Bochum, Bochum, Deutschland, Bachelorarbeit, August 2012

Bibliografische Information der Deutschen Nationalbibliothek:
Die Deutsche Nationalbibliothek verzeichnet diese Publikation in der Deutschen Nationalbibliografie; detaillierte bibliografische Daten sind im Internet über http://dnb.d-nb.de abrufbar.

© Bachelor + Master Publishing, Imprint der Diplomica Verlag GmbH
Hermannstal 119k, 22119 Hamburg
http://www.bachelor-master-publishing.de, Hamburg 2016
Printed in Germany

Inhaltsverzeichnis

1 Einleitung

In dieser Arbeit beschäftigen wir uns mit dem sogenannten *Learning Parity with Noise* Problem (kurz: LPN) und Public-Key Verschlüsselungsverfahren, die darauf aufbauen. Die LPN-Annahme ist eine von vielen Sicherheitsannahmen, die in der Kryptographie Verwendung finden. Andere bekannte Annahmen/Probleme sind die diskreter-Logarithmus-Annahme, die Diffie-Hellman-Annahmen und die RSA-Annahme, welche von sogenannten Quantencomputern gebrochen werden könnten und Verfahren, die auf diesen Annahmen basieren, wären dann unbrauchbar. Quantenrechner beruhen auf einem noch theoretischen Konzept, aber es ist nur noch eine Frage der Zeit, bis diese sehr leistungsstarken Computer einsatzfähig werden. Das LPN-Problem kann jedoch auch nicht von Quantencomputern gelöst werden und daher ist es wichtig, Kryptosysteme zu entwickeln, die auf der LPN-Annahme aufbauen. Während es bei RSA um die Faktorisierung von Zahlen geht, handelt das LPN-Problem vom Lernen eines Vektors s nach dem Erhalt des Skalarprodukts $\langle s, a \rangle$ mit einem zufälligen Vektor a, wobei das Skalarprodukt zusätzlich mit einem Noise Bit versehen wird, was das Berechnen des Vektors s erschwert.

Das LPN-Problem hat in der Kryptographie viel Verwendung gefunden. Es wird zum Beispiel in den bekannten *HB-Protokollen* von Hopper und Blum [1] verwendet, deren Sicherheit auf der Härte des LPN-Problems basiert.

Wir werden hier Public-Key Kryptosysteme beleuchten: zum Verschlüsseln wird ein öffentlicher Schlüssel und zum Entschlüsseln ein geheimer Schlüssel benutzt. Als Grundlage dieser Arbeit dient die Ausführung „More on average case vs approximation complexity" von Mikhail Alekhnovich [2], die er 2003 auf der *IEEE Symposium on Foundations of Computer Science* Konferenz vorgestellt hat. In seiner Arbeit stellt er zwei Verfahren vor, die auf dem LPN-Problem basieren und beweist deren Sicherheit.

Ein anderes, sehr wichtiges Verschlüsselungsverfahren, das auf einer noch stärkeren Annahme basiert und ebenso nicht von Quantenrechnern geknackt werden kann, ist das *McEliece-Kryptosystem*, das von Robert McEliece im Jahre 1978 entwickelt wurde [3]. Dieses benutzt fehlerkorrigierende Goppa Codes und tarnt diese als allgemeine lineare Codes. Die Verschlüsselung an sich ähnelt der von Alekhnovich: es wird ein Matrix-Vektor-Produkt gebildet und mit ei-

1

nem Noise Vektor versehen, nur die Erstellung der Matrix ist unterschiedlich.

Wir wollen in dieser Arbeit Alekhnovich's erstes Kryptosystem in abgeänderter Form vorstellen und dessen Sicherheit basierend auf der Härte des LPN-Problems beweisen. Die Arbeit ist so aufgebaut, dass zuerst wichtige grundlegende Begriffe genannt und wiederholt werden. Anschließend wird das LPN-Problem genauestens in all seinen Variationen definiert und Algorithmen, die es lösen, werden vorgestellt. Den Schlussteil bildet das Kapitel, das das Verfahren, das an Alekhnovich's angelehnt ist, vorstellt und seine Sicherheit genau betrachtet. Am Ende geben wir eine kurze Zusammenfassung und einen Ausblick.

2 Grundlegende Begriffe

Ziel dieses Kapitels ist es, die notwendigen Voraussetzungen für das Verständnis des Verfahrens, das wir später erklären werden, zu erarbeiten. Dazu werden wir zuerst wichtige Begriffe aus der Komplexitätstheorie und die Public-Key Verschlüsselung wiederholen.

2.1 Komplexitätstheorie

Wir wollen in den nachstehenden Definitionen, die an [4] angelehnt sind, wichtige Begriffe aus der Komplexitätstheorie, die wir später verwenden werden, erläutern.

Definition 2.1 (**deterministischer Algorithmus**)**.** *Ein deterministischer Algorithmus ist eine mathematische Funktion, sodass für eine bestimmte Eingabe immer dieselbe Ausgabe erfolgt.*

Definition 2.2 (**probabilistischer Algorithmus**)**.** *Ein probabilistischer Algorithmus ist ein Algorithmus, der uniforme Zufallsbits verwendet und dessen Ausgabe somit eine Zufallsvariable ist.*

Bemerkung 2.3 (Notation)**.** *Sei $\mathcal{A}$ ein Algorithmus mit der Eingabe x. Falls y die Ausgabe einer deterministischen Berechnung ist, so notieren wir $y := \mathcal{A}(x)$. Falls y die Ausgabe einer probabilistischen Berechnung ist, so notieren wir $y \leftarrow \mathcal{A}(x)$.*

Definition 2.4 ((**probabilistisch**) **polynomial-Zeit**)**.** *Ein Algorithmus $\mathcal{A}$ läuft in polynomial-Zeit (pt), falls ein Polynom $p(\cdot)$ existiert, sodass für jede Eingabe $x \in \{0,1\}^*$ die Berechnung $\mathcal{A}(x)$ nach höchstens $p(|x|)$ Schritten endet. Ein Algorithmus $\mathcal{A}$ heißt probabilistisch polynomial-Zeit (ppt), falls $\mathcal{A}$ ein pt-Algorithmus ist und Zufallsbits verwendet.*

Definition 2.5 (Vernachlässigbarkeit). *Eine Funktion f heißt vernachlässigbar, falls gilt:*

$$f \in \{f : \mathbb{N} \to \mathbb{R}_+ \mid \forall p \in \mathbb{R}\,[X] \;\; \exists n_0 : f(n) < \frac{1}{p(n)} \;\; \forall n > n_0\}.$$

Wir notieren vernachlässigbare Funktionen mit negl (n).

Wir werden später noch einen wichtigen Begriff aus der Wahrscheinlichkeitstheorie benötigen, nämlich den der *Chernoff-Schranken*, die oft bei der Analyse von Algorithmen, die vom Zufall geprägt sind, verwendet werden. Chernoff-Schranken stellen obere Schranken dafür dar, dass die Summe von Bernoulli-verteilten Zufallsvariablen von der erwarteten Anzahl an Erfolgen abweicht.

Satz 2.6 (Chernoff-Schranken; vgl. [5]). *Seien $x_1, \ldots, x_n$ unabhängige Bernoulli-Experimente mit $\text{Ws}\,[x_i = 1] = p$ und $\text{Ws}\,[x_i = 0] = 1 - p$. Sei $X = \sum_{i=1}^{n} x_i$ und $E(X)$ der Erwartungswert von X.*

1. Dann gilt für jedes $\epsilon > 0$

$$\text{Ws}\,[X \geq (1 + \epsilon) \cdot E(X)] \leq e^{-\frac{min\{\epsilon, \epsilon^2\}}{3} \cdot E(X)}.$$

2. Für jedes $\epsilon \in [0, 1]$ gilt

$$\text{Ws}\,[X \leq (1 - \epsilon) \cdot E(X)] \leq e^{-\frac{\epsilon^2}{2} \cdot E(X)}.$$

2.2   Public-Key Verschlüsselung

Bevor wir das auf der LPN-Annahme basierende Verschlüsselungsverfahren vorstellen und dessen Sicherheit betrachten, werden wir zuerst an die Definition des Public-Key (kurz: PK) Verschlüsselungssystems erinnern, bei dem ein öffentlicher Schlüssel für die Verschlüsselung und ein geheimer Schlüssel für die Entschlüsselung benutzt werden, weshalb diese Form von Verschlüsselungsverfahren auch asymmetrisch genannt wird. Der Angreifer ist hierbei in der Lage, Klartexte selbst zu verschlüsseln. Die nachfolgenden Definitionen basieren auf [4, S.336ff].

Definition 2.7 (Public-Key Verschlüsselung). *Sei n ein Sicherheitsparameter und $\mathcal{M}$, $\mathcal{C}$ der Nachrichten- bzw. Chiffretextraum. Ein Public-Key Verschlüsselungsverfahren ist ein 3-Tupel $\Pi = (\mathrm{Gen}, \mathrm{Enc}, \mathrm{Dec})$ von ppt-Algorithmen mit*

1. **Gen**: *$(pk, sk) \leftarrow \mathrm{Gen}(1^n)$, wobei pk der öffentliche und sk der geheime Schlüssel ist.*

2. **Enc**: *Für eine Nachricht $m \in \mathcal{M}$ und den Schlüssel pk berechne*

$$c \leftarrow \mathrm{Enc}_{pk}(m).$$

3. **Dec**: *Für einen Chiffretext $c \in \mathcal{C}$ und den Schlüssel sk berechne*

$$m := \mathrm{Dec}_{sk}(c).$$

Falls Entschlüsselung nicht möglich ist, gib das Fehlersymbol $\perp$ aus.

δ-Korrektheit: $\forall n, (pk, sk) \leftarrow \mathrm{Gen}(1^n) : \mathrm{Ws}\left[\mathrm{Dec}_{sk}(\mathrm{Enc}_{pk}(m)) = m\right] \geq 1 - \delta(n)$.

Die Sicherheit des Verfahrens, das wir im Hauptteil darstellen werden, kann gegenüber Chosen Plaintext Angriffen (kurz: CPA) realisiert werden.

Dazu betrachten wir folgendes Spiel:

Spiel CPA (Ununterscheidbarkeit von Chiffretexten) $PubK^{\mathsf{CPA}}_{\mathcal{A},\Pi}(n)$:

1. $(pk, sk) \leftarrow \mathrm{Gen}(1^n)$.

2. $(m_0, m_1) \leftarrow \mathcal{A}(pk)$, wobei $|m_0| = |m_1|$.

3. Wähle $b \in_R \{0, 1\}$. $c \leftarrow \mathrm{Enc}_{pk}(m_b)$. $b' \leftarrow \mathcal{A}(c)$.

4. $PubK^{\mathsf{CPA}}_{\mathcal{A},\Pi}(n) = \begin{cases} 1 & \text{für } b = b' \\ 0 & \text{sonst.} \end{cases}$

Eine graphische Darstellung des CPA-Spiels sieht folgendermaßen aus:

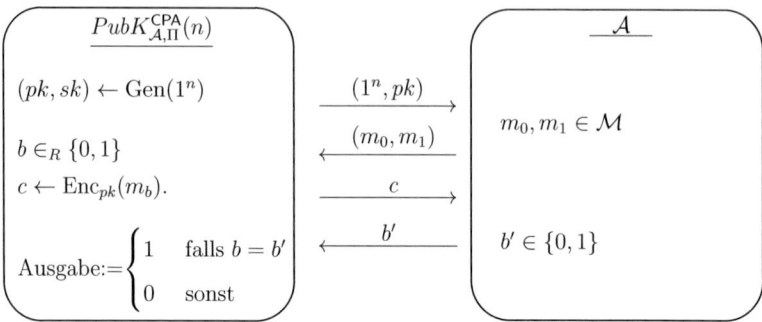

Definition 2.8 (IND-CPA-Sicherheit). *Ein Public-Key Verschlüsselungsverfahren* $\Pi = (\text{Gen}, \text{Enc}, \text{Dec})$ *heißt* (t, δ)-*CPA-sicher im Sinne von* IND *(oder besitzt ununterscheidbare Chiffretexte unter* CPA*-Angriffen), falls für jeden Angreifer* $\mathcal{A}$, *der höchstens in Zeit t läuft, gilt:*

$$\text{Ws}\left[PubK_{\mathcal{A},\Pi}^{\mathsf{CPA}}(n) = 1\right] \leq \frac{1}{2} + \delta.$$

Eine andere Definition der CPA-Sicherheit[1] basiert auch auf dem obigen Schema und ist so aufgebaut, dass der Angreifer ein Spiel $PubK_{\mathcal{A},\Pi}^{\mathsf{CPA}}(n, b)$ spielt, das aus zwei Experimenten besteht. Im ersten (*linken*) Experiment ($b = 0$) wird bei einer Anfrage (m_0, m_1) immer die Nachricht m_0 und im zweiten (*rechten*) Experiment ($b = 1$) wird immer die Nachricht m_1 verschlüsselt. Die Aufgabe des Angreifers besteht darin, festzustellen, in welchem Experiment er sich befindet. Diese Form der Sicherheit wird *Left-Or-Right-Sicherheit* genannt.

Dazu betrachten wir folgende graphische Darstellung:

$$\underline{PubK_{\mathcal{A},\Pi}^{\mathsf{CPA}}(n, b)}$$

$$(pk, sk) \leftarrow \text{Gen}(1^n)$$

$$c \leftarrow \text{Enc}_{pk}(m_b).$$

$$\text{Ausgabe} := b'$$

$$\xrightarrow{(1^n, pk)}$$
$$\xleftarrow{(m_0, m_1)}$$
$$\xrightarrow{c}$$
$$\xleftarrow{b'}$$

$$\underline{\mathcal{A}}$$

$$m_0, m_1 \in \mathcal{M}$$

$$b' \in \{0, 1\}$$

---

[1] vgl. [4, S.64]

Definition 2.9 (Left-Or-Right-CPA-Sicherheit; kurz: LOR-CPA). *Ein Public-Key Verschlüsselungsverfahren* $\Pi = (\text{Gen}, \text{Enc}, \text{Dec})$ *heißt* (t, δ)*-CPA-sicher im Sinne von* LOR, *falls für jeden Angreifer* $\mathcal{A}$, *der höchstens in Zeit* t *läuft, gilt:*

$$\left| \text{Ws} \left[\mathcal{A}(PubK_{\mathcal{A},\Pi}^{\text{CPA}}(n, 1)) = 1 \right] - \text{Ws} \left[\mathcal{A}(PubK_{\mathcal{A},\Pi}^{\text{CPA}}(n, 0)) = 1 \right] \right| \leq \delta.$$

Im folgenden Lemma wollen wir die Beziehung dieser beiden Sicherheitsbegriffe darlegen. Es gilt nämlich, dass die LOR-CPA-Sicherheit die IND-CPA-Sicherheit impliziert.

Lemma 2.10 (LOR-CPA$\Longrightarrow$IND-CPA). *Wenn ein Verschlüsselungsverfahren* $\Pi = (\text{Gen}, \text{Enc}, \text{Dec})$ (t, δ)*-CPA-sicher im Sinne von Left-Or-Right ist, dann ist es* (t', δ')*-CPA-sicher im Sinne von* IND. *Es gilt:*

$$\delta' = \frac{1}{2} \cdot \delta \qquad und \qquad t' \approx t.$$

Beweis: Sei $\mathcal{A}_{\text{IND}}$ ein Angreifer auf Π im Sinne von IND-CPA. Wir konstruieren aus $\mathcal{A}_{\text{IND}}$ einen Angreifer $\mathcal{A}_{\text{LOR}}$ auf Π im Sinne von LOR-CPA und betrachten dazu folgende Reduktion:

$b' = 1$ bedeutet Experiment $PubK_{\mathcal{A}_{\text{LOR}},\Pi}^{\text{CPA}}(n, 1)$ und $b' = 0$ bedeutet Experiment $PubK_{\mathcal{A}_{\text{LOR}},\Pi}^{\text{CPA}}(n, 0)$

7

Wir wollen nun die Erfolgswahrscheinlichkeit von $\mathcal{A}_{\mathsf{IND}}$ analysieren:

$$
\begin{aligned}
\mathrm{Ws}\left[PubK^{\mathsf{CPA}}_{\mathcal{A}_{\mathsf{IND}},\Pi}(n) = 1\right] &= \mathrm{Ws}\left[b = b'\right] \\
&= \mathrm{Ws}\left[b = b'|b = 1\right] \cdot \mathrm{Ws}\left[b = 1\right] + \mathrm{Ws}\left[b = b'|b = 0\right] \cdot \mathrm{Ws}\left[b = 0\right] \\
&= \mathrm{Ws}\left[b = b'|b = 1\right] \cdot \frac{1}{2} + \mathrm{Ws}\left[b = b'|b = 0\right] \cdot \frac{1}{2} \\
&= \mathrm{Ws}\left[b' = 1|b = 1\right] \cdot \frac{1}{2} + \mathrm{Ws}\left[b' = 0|b = 0\right] \cdot \frac{1}{2} \\
&= \mathrm{Ws}\left[b' = 1|b = 1\right] \cdot \frac{1}{2} + (1 - \mathrm{Ws}\left[b' = 1|b = 0\right]) \cdot \frac{1}{2} \\
&= \frac{1}{2} + \frac{1}{2} \cdot (\mathrm{Ws}\left[b' = 1|b = 1\right] - \mathrm{Ws}\left[b' = 1|b = 0\right]) \\
&= \frac{1}{2} + \frac{1}{2} \cdot (\mathrm{Ws}\left[\mathcal{A}_{\mathsf{LOR}}(PubK^{\mathsf{CPA}}_{\mathcal{A}_{\mathsf{LOR}},\Pi}(n, 1)) = 1\right] \\
&\quad - \mathrm{Ws}\left[\mathcal{A}_{\mathsf{LOR}}(PubK^{\mathsf{CPA}}_{\mathcal{A}_{\mathsf{LOR}},\Pi}(n, 0)) = 1\right]) \\
&\leq \frac{1}{2} + \frac{1}{2} \cdot \delta
\end{aligned}
$$

(da Π (t, δ)-CPA-sicher im Sinne von Left-Or-Right.)

Es folgt also, dass für den Vorteil von $\mathcal{A}_{\mathsf{IND}}$ gilt: $\delta' = \frac{1}{2} \cdot \delta$.

Da $\mathcal{A}_{\mathsf{IND}}$ und $\mathcal{A}_{\mathsf{LOR}}$ dieselben Schritte machen müssen, gilt: $t' \approx t$. $\qquad \square$

3   LPN-Problem

Das *Learning Parity in the Presence of Noise* oder *Learning Parity with Noise* Problem (kurz: LPN) stellen wir kurz anhand eines Alice-und-Bob-Szenarios dar: Alice hat einen geheimen Vektor $s \in \mathbb{F}_2^n$ und will Skalarprodukte $\langle s, b_i \rangle$ (für $i = 1, ..., q$) mit zufälligen Vektoren $b_1, ..., b_q$ an Bob senden. Angenommen es existiert ein Lauscher zwischen Alice und Bob, der das s lernen will. Wenn dieser jetzt Skalarprodukte $\langle s, b_i \rangle$ und Vektoren b_i erhält, kann er mit einfacher linearer Algebra, genauer Gauss'scher Elimination, den Vektor s leicht berechnen (solange $q \geq n$ ist).

Nun stellen wir uns vor, die Skalarprodukte werden, bevor sie an Bob weitergeleitet werden, mit einem sogenannten *noise bit* versehen, also mit einem Bit „geXORt", für das gilt, dass es mit einer Wahrscheinlichkeit von $\eta \in \left(0, \frac{1}{2}\right)$ gleich 1 ist. Somit werden die Werte der Skalarprodukte mit einer Wahrscheinlichkeit von η geflippt und für den Lauscher wird es schwieriger, das s zu lernen. Wann immer $\eta = 0$ gelten würde, wäre das *noise bit* immer gleich 0 und Alice' Geheimnis s wäre nicht mehr sicher, da es von jedem Angreifer berechnet werden könnte. Das Problem, den Vektor s zu berechnen, wenn man vorher *noisy versions* seines Skalarprodukts erhalten hat, wird *LPN-Problem* genannt.

3.1   Definitionen

Im Folgenden bezeichnet Ber_η die Bernoulli-Verteilung für Bits mit dem Parameter $\eta \in \left(0, \frac{1}{2}\right)$ (sodass für $\nu \leftarrow Ber_\eta$ gilt: $\mathrm{Ws}[\nu = 1] = \eta$ und $\mathrm{Ws}[\nu = 0] = 1 - \eta$) und $Ber_{m,\eta}$ die Bernoulli-Verteilung für Vektoren der Länge m (sodass für $\nu \leftarrow Ber_{m,\eta}$ gilt, dass jedes Bit von ν unabhängig gemäß Ber_η verteilt ist). Desweiteren sei $\langle , \rangle$ das Skalarprodukt zwischen zwei Vektoren (d.h. für $x, y \in \mathbb{F}_2^n$ gilt: $\langle x, y \rangle = \sum_{i=1}^n x_i \cdot y_i \bmod 2$) und $A \cdot s$ das Matrix-Vektor-Produkt für eine Matrix A und einen Vektor s (wie man es aus der linearen Algebra kennt).

Formal stelle man sich das LPN-Problem dann folgendermaßen vor:

Definition 3.1 (LPN-Verteilung). *Für $s \in \mathbb{F}_2^n$ ist die LPN-Verteilung $\mathsf{A}_{s,\eta}^n$ definiert als*

$$\left\{ a \in_R \mathbb{F}_2^n; \ \nu \leftarrow Ber_\eta : (a, \langle s, a \rangle \oplus \nu) \right\}.$$

*Analog definieren wir für $s \in \mathbb{F}_2^n$ die mehrdimensionale LPN-Verteilung $\mathsf{A}_{s,\eta}^{m \times n}$
als*

$$\left\{ A \in_R \mathbb{F}_2^{m \times n}; \; \nu \leftarrow Ber_{m,\eta} : (A, A \cdot s \oplus \nu) \right\}.$$

Für die formale Darstellung des LPN-Problems gibt es zwei Versionen von LPN-Annahmen, die wir im Folgenden vorstellen werden. In erster Linie nennen wir die *Computational LPN-Annahme*, die besagt, dass es schwierig ist, einen Vektor s zu lernen, wenn man eine (eventuell) geflippte Version seines Skalarprodukts mit einem zufälligen Vektor a und den Vektor a selbst erhält. Es geht also darum, das s zu berechnen, wenn man vorher Zugriff auf das LPN-Orakel/ die LPN-Verteilung $\mathsf{A}_{s,\eta}^n$ hat.

Definition 3.2 (Computational LPN-Problem; kurz: CLPN). *Sei $\mathsf{A}_{s,\eta}^n$ ein Orakel, das Vektoren der Länge $n+1$ bezüglich der LPN-Verteilung ausgibt. Für $\eta \in \left(0, \frac{1}{2}\right)$ und ein festes n ist das $\mathsf{CLPN}_{n,\eta}$ Problem (t,q,δ)-hart, falls für jeden Algorithmus $\mathcal{A}$, der höchstens in Zeit t läuft und höchstens q Orakelanfragen macht, gilt:*

$$\mathrm{Ws}\left[s \in_R \mathbb{F}_2^n : \mathcal{A}^{\mathsf{A}_{s,\eta}^n}(1^n) = s \right] \leq \frac{1}{2} + \delta.$$

Desweiteren gibt es eine Variante der Definition des LPN-Problems, bei der eine gewisse Pseudozufälligkeit der Verteilung $\mathsf{A}_{s,\eta}^n$ deutlich wird. Hier besteht das LPN-Problem darin, dass man zufällige Vektoren nicht von LPN-verteilten, also gemäß $\mathsf{A}_{s,\eta}^n$ verteilten Vektoren unterscheiden kann, bzw. dass man diese nur mit vernachlässigbarer Wahrscheinlichkeit unterscheiden kann.

Definition 3.3 (Decisional LPN-Problem; kurz: DLPN). *Sei U_{n+1} die uniforme Verteilung auf $\mathbb{F}_2^{n+1}$ und somit ein Orakel, das zufällige Vektoren der Länge $n+1$ ausgibt. Für $\eta \in \left(0, \frac{1}{2}\right)$ und ein festes n ist das $\mathsf{DLPN}_{n,\eta}$ Problem (t,q,δ)-hart, falls für jeden Unterscheider $\mathcal{D}$, der höchstens in Zeit t läuft und höchstens q Orakelanfragen macht, gilt:*

$$\left| \mathrm{Ws}\left[s \in_R \mathbb{F}_2^n : \mathcal{D}^{\mathsf{A}_{s,\eta}^n}(1^n) = 1 \right] - \mathrm{Ws}\left[\mathcal{D}^{\mathsf{U}_{n+1}}(1^n) = 1 \right] \right| \leq \delta.$$

Die Notation für das mehrdimensionale LPN-Problem ist analog:

Sei U^m_{n+1} die uniforme Verteilung auf $\mathbb{F}^{m\times(n+1)}_2$ und somit ein Orakel, das $m \times (n+1)$-Matrizen ausgibt. Für $\eta \in \left(0, \frac{1}{2}\right)$ und feste Parameter m, n ist das $\mathsf{DLPN}^m_{n,\eta}$ Problem (t, q, δ)-hart, falls für jeden Unterscheider $\mathcal{D}$, der höchstens in Zeit t läuft und höchstens q Orakelanfragen macht, gilt:

$$\left| \mathrm{Ws}\left[s \in_R \mathbb{F}^n_2 : \mathcal{D}^{\mathsf{A}^{m\times n}_{s,\eta}}(1^n) = 1 \right] - \mathrm{Ws}\left[\mathcal{D}^{\mathsf{U}^m_{n+1}}(1^n) = 1 \right] \right| \le \delta.$$

Es existiert folgender, leicht nachvollziehbarer Zusammenhang zwischen dem eindimensionalen und dem mehrdimensionalen LPN-Problem:

Proposition 3.4 (Beziehung von $\mathsf{DLPN}_{n,\eta}$ und $\mathsf{DLPN}^m_{n,\eta}$). *Wenn das $\mathsf{DLPN}_{n,\eta}$ Problem (t, q, δ)-hart ist, dann ist das $\mathsf{DLPN}^m_{n,\eta}$ Problem $(t', \frac{q}{m}, \delta')$-hart. Es gilt:*

$$\delta' = \delta \qquad\qquad t' \approx t.$$

Beweis: Sei $\mathcal{D}_{mehrdim}$ ein Unterscheider für das $\mathsf{DLPN}^m_{n,\eta}$ Problem. Wir konstruieren aus $\mathcal{D}_{mehrdim}$ einen Unterscheider $\mathcal{D}_{eindim}$ für das $\mathsf{DLPN}_{n,\eta}$ Problem, der $\mathcal{D}_{mehrdim}$ benutzt.

$b = 1$ bedeutet $\mathsf{O}(\cdot) \hat{=} \mathsf{A}^n_{s,\eta}$ und $b = 0$ bedeutet $\mathsf{O}(\cdot) \hat{=} \mathsf{U}_{n+1}$

Analyse: Der Unterscheider $\mathcal{D}_{eindim}$ hat Zugriff auf ein Orakel, das entweder $\mathsf{A}^n_{s,\eta}$ oder U_{n+1} entspricht und muss ein Orakel für den Unterscheider $\mathcal{D}_{mehrdim}$ simulieren, das entweder $\mathsf{A}^{m \times n}_{s,\eta}$ oder U^m_{n+1} entspricht. Dazu macht $\mathcal{D}_{eindim}$ m Anfragen an sein Orakel und erhält somit m Vektoren der Länge $n+1$, die entweder uniform oder LPN-verteilt sind. Aus diesen bildet er eine $m \times (n+1)$-Matrix C, die er an $\mathcal{D}_{mehrdim}$ sendet und damit die gewünschten Verteilungen simuliert.

Sei δ' der Vorteil von $\mathcal{D}_{mehrdim}$ und δ der Vorteil von $\mathcal{D}_{eindim}$. Dann gilt:

$$\delta' := \left| \mathrm{Ws}\left[\mathcal{D}^{\mathsf{A}^{m \times n}_{s,\eta}}_{mehrdim}(1^n) = 1 \right] - \mathrm{Ws}\left[\mathcal{D}^{\mathsf{U}^m_{n+1}}_{mehrdim}(1^n) = 1 \right] \right|$$
$$= \left| \mathrm{Ws}\left[\mathcal{D}^{\mathsf{A}^n_{s,\eta}}_{eindim}(1^n) = 1 \right] - \mathrm{Ws}\left[\mathcal{D}^{\mathsf{U}_{n+1}}_{eindim}(1^n) = 1 \right] \right|$$
$$= \delta$$

(da das $\mathsf{DLPN}_{n,\eta}$ Problem (t, m, δ)-hart ist).

Sei t die Laufzeit des Unterscheiders $\mathcal{D}_{eindim}$ und t' die Laufzeit des Unterscheiders $\mathcal{D}_{mehrdim}$. Da beide etwa dieselbe Anzahl an Schritten durchführen müssen, gilt: $t' \approx t$. $\qquad\square$

Die Beziehung zwischen den beiden vorgestellten Annahmen CLPN und DLPN verdeutlichen wir im folgenden nützlichen Lemma, das besagt, dass die Härte des CLPN Problems die Ununterscheidbarkeit der beiden Orakel U_{n+1} und $\mathsf{A}^n_{s,\eta}$ impliziert.

Lemma 3.5 (Beziehung von $\mathsf{CLPN}_{n,\eta}$ und $\mathsf{DLPN}_{n,\eta}$; vgl. [6]). *Wenn das* $\mathsf{CLPN}_{n,\eta}$ *Problem* (t, q, δ)-*hart ist, dann ist das* $\mathsf{DLPN}_{n,\eta}$ *Problem* (t', q', δ')-*hart. Es gilt:*

$$t' = \mathcal{O}(t \cdot n \cdot \delta^{-2} \cdot \log n) \qquad q' = \mathcal{O}(q \cdot \delta^{-2} \cdot \log n) \qquad \delta' = \frac{\delta}{4}.$$

Den vollständigen Beweis dieses Lemmas findet man in [6]. Die andere Richtung, bei der die Härte des DLPN Problems die Härte des CLPN Problems impliziert, ist trivial und leicht nachzuweisen.

3.2 Härte des LPN-Problems/Algorithmen zum Lösen

Der wohl bekannteste Algorithmus, der das LPN-Problem löst, wurde von Blum, Kalai und Wassermann erarbeitet [7] und wird dementsprechend *BKW-Algorithmus* genannt. Die Idee dieses Algorithmus besteht darin, dass man durch das „XORen" von gewissen Vektoren Einheitsvektoren findet und mit diesen den gesuchten Vektor s mit hoher Wahrscheinlichkeit berechnet, nachdem man Matrizen (A, z) (wobei $z := A \cdot s \oplus \nu$) mit $A \in_R \mathbb{F}_2^{m \times n}$, $s \in \mathbb{F}_2^n$ und $\nu \leftarrow Ber_{m,\eta}$ erhalten hat.

Der BKW-Algorithmus läuft wie folgt ab (vgl. [8]):

BKW-Algorithmus:

Input: Matrix A und Vektor z

1. Splitte die n Bits jeder Zeile von A in a Blöcke mit jeweils b Bits, sodass $a \cdot b = n$ gilt.

2. Klassifiziere jede Zeile bezüglich ihrer letzten b Bits und teile somit die Matrix A nach diesen Klassen auf.

3. Wähle innerhalb dieser Klassen einen zufälligen Zeilenvektor, „XORe" diesen zu allen anderen Vektoren dieser Klasse und dann entferne diesen Vektor. Jetzt sind in jeder Klasse die letzten b Bits gleich Null und die so entstehende Gesamtmatrix A hat nun weniger Zeilen.

4. Wiederhole die Prozedur mit den vorletzten, vorvorletzten, usw. b Bits jeder Zeile bis alle außer die ersten b Bits jeder Zeile gleich Null sind. Mit den so enstandenen Einheitsvektoren e_j kann man die Komponenten s_j von s berechnen.

5. Falls man nach einem Durchlauf noch nicht alle Komponenten von s bestimmen konnte, so führt man den Algorithmus erneut mit anderen Vektoren durch.

Output: Vektor s

Beispiel für einen Durchlauf:

Seien $m = 4$, $n = 6$, $a = 3$, $b = 2$

und $s = \begin{pmatrix} 1 \\ 1 \\ 0 \\ 1 \\ 0 \\ 1 \end{pmatrix}$, $A = \begin{pmatrix} 0 & 1 & 0 & 0 & 1 & 0 \\ 1 & 1 & 0 & 0 & 1 & 0 \\ 1 & 0 & 0 & 1 & 0 & 0 \\ 1 & 1 & 0 & 1 & 0 & 0 \end{pmatrix}$, $\nu = \begin{pmatrix} 1 \\ 1 \\ 0 \\ 0 \end{pmatrix}$.

Mit $z := A \cdot s \oplus \nu$ folgt dann: $z = \begin{pmatrix} 0 \\ 1 \\ 0 \\ 1 \end{pmatrix}$.

Schritt 1:

$$A = \left(\begin{array}{cc|cc|cc} 0 & 1 & 0 & 0 & 1 & 0 \\ 1 & 1 & 0 & 0 & 1 & 0 \\ 1 & 0 & 0 & 1 & 0 & 0 \\ 1 & 1 & 0 & 1 & 0 & 0 \end{array}\right) \quad \text{(3 Blöcke mit jeweils 2 Bits)}$$

Schritt 2:

Klassifizierung:

Klasse 10: $A10 = \begin{pmatrix} 0 & 1 & 0 & 0 & 1 & 0 \\ 1 & 1 & 0 & 0 & 1 & 0 \end{pmatrix}$ $z10 = \begin{pmatrix} 0 \\ 1 \end{pmatrix}$

Klasse 00: $A00 = \begin{pmatrix} 1 & 0 & 0 & 1 & 0 & 0 \\ 1 & 1 & 0 & 1 & 0 & 0 \end{pmatrix}$ $z00 = \begin{pmatrix} 0 \\ 1 \end{pmatrix}$

Schritt 3:

Wähle zufälligen Vektor, „XORe" diesen zu dem anderen aus seiner Klasse und entferne ihn.

Klasse 10: $A10 = \begin{pmatrix} 1 & 0 & 0 & 0 & 0 & 0 \end{pmatrix}$ $z10 = 1$

Klasse 00: $A00 = \begin{pmatrix} 0 & 1 & 0 & 0 & 0 & 0 \end{pmatrix}$ $z00 = 1$

Schritt 4:

-nicht nötig-

Schritt 5:

Man weiß jetzt, dass s_1 und s_2 Einsen sein müssen. Um die anderen Komponenten von s zu erhalten, führe den Algorithmus weitere Male mit anderen Vektoren durch.

Für die Komplexität des BKW-Algorithmus gilt[2]:

Theorem 3.6. *Sei $n = a \cdot b$ und $\epsilon = 1 - 2 \cdot \eta$. Der BKW-Algorithmus ($t = \mathcal{O}(n \cdot a \cdot q), q = 20 \cdot \ln(4n) \cdot 2^b \cdot \epsilon^{-2^a}, \delta = \frac{1}{2}$)-löst das* $\mathsf{CLPN}_{n,\eta}$ *Problem.*

Ein anderer Algorithmus, der von Levieil und Fouque in „An improved LPN algorithm" [8] *LF1* genannt wird, stellt eine Variante des BKW-Algorithmus dar und unterscheidet sich von BKW nur dadurch, dass man zum Schluss den ganzen Block mit den b Bits anstelle eines Bits benutzt.

Für die Komplexität des LF1-Algorithmus gilt:

Theorem 3.7. *Sei $n = a \cdot b$ und $\epsilon = 1 - 2 \cdot \eta$. Der LF1-Algorithmus ($t = \mathcal{O}(n \cdot a \cdot q), q = (8b + 200) \cdot \epsilon^{-2^a} + (a - 1) \cdot 2^b, \delta = \frac{1}{2}$)-löst das* $\mathsf{CLPN}_{n,\eta}$ *Problem.*

Vergleich von BKW und LF1 aus [8, S.358]:

Für $\eta = \frac{1}{4}$ hat man folgende maximale Werte für n, bei denen das LPN-Problem lösbar ist:

verfügbarer Speicher	BKW	LF1
1 GB	39	96
2_{52} Bytes	104	225
2_{80} Bytes	180	426

---

[2]Die folgenden Theoreme stammen aus [8].

4 Public-Key Verschlüsselung vom LPN-Problem

4.1 Idee des Verfahrens

Nachdem Gilbert, Robshaw und Seurin in ihrer Arbeit mit dem Titel „How to Encrypt with the LPN Problem" [9] ein Private-Key, also symmetrisches Verschlüsselungsverfahren basierend auf dem LPN-Problem vorgestellt und dessen CPA-Sicherheit unter der LPN-Annahme bewiesen haben, war es an der Zeit, ein Public-Key System zu erarbeiten, das auf demselben Prinzip aufbaut und ebenfalls sicher gegenüber Chosen Plaintext Angreifern ist.

Dies ist Alekhnovich in seiner Arbeit „More on average case vs approximation complexity" [2] gelungen. Er stellt zwei Kryptosysteme vor, von denen wir das erste hier in leicht abgeänderter Form vorstellen werden. Bei diesem Verfahren ist der öffentliche Schlüssel eine Matrix, mit der man selbst verschlüsseln kann, indem man LPN-verteilte Vektoren erstellt. Mit dem geheimen Schlüssel jedoch ist man sogar in der Lage zwischen LPN-verteilten und uniformen Vektoren zu unterscheiden, was hier eine große Rolle spielt, denn es wird immer nur ein Bit verschlüsselt und als Chiffretext entweder ein LPN-verteilter oder uniformer Vektor ausgegeben.

4.2 Beschreibung des Verschlüsselungssystems

Wir beschreiben nun ein Public-Key Kryptosystem Π_{LPN}, das auf der LPN-Annahme basiert. Anschließend analysieren wir die Wahrscheinlichkeit für das Auftreten von Entschlüsselungsfehlern.

Definition 4.1 (Π_{LPN} **Verschlüsselungsverfahren**)**.** *Sei n ein Sicherheitsparameter und $\eta = \sqrt{\frac{3}{8n}}$. Das Public-Key Verschlüsselungsverfahren $\Pi_{\text{LPN}} = (\text{Gen}, \text{Enc}, \text{Dec})$ ist wie folgt definiert:*

1. **Gen**: *Bei Eingabe 1^n wähle $A \in_R \mathbb{F}_2^{2n \times n}$, $x \in_R \mathbb{F}_2^n$, $\nu \leftarrow Ber_{2n,\eta}$ und berechne $b := A \cdot x \oplus \nu$. Setze $\tilde{A} := (b|A)$ ($\tilde{A}$ ist somit $2n \times (n+1)$-Matrix), berechne $\text{Ker}(\tilde{A}^T)$ und wähle $B \in_R \left\{ B \in \mathbb{F}_2^{2n \times n} : \text{Im}(B) = \text{Ker}(\tilde{A}^T) \right\}$. Schlüssel: $pk = B$, $sk = (B, \nu)$.*

16

2. **Enc**: *Für eine Nachricht $m \in \{0, 1\}$ wähle $c \in_R \mathbb{F}_2^{2n}$ im Fall $m = 1$ oder berechne $c = B \cdot y \oplus \nu'$ im Fall $m = 0$ für $y \in_R \mathbb{F}_2^n$ und $\nu' \leftarrow Ber_{2n,\eta}$.*

   Ausgabe: c.

3. **Dec**: *Für einen Chiffretext $c \in \mathbb{F}_2^{2n}$ berechne $m := \nu^T \cdot c$.*

   Ausgabe: m.

Lemma 4.2 (Korrektheit von Π_{LPN}). *Für das Verschlüsselungsverfahren Π_{LPN} gilt:*

$$\forall n, (pk, sk) \leftarrow \text{Gen}(1^n): \text{Ws}\left[\text{Dec}_{sk}(\text{Enc}_{pk}(m_0)) = m_0\right] \geq 1 - \frac{1}{4} = \frac{3}{4} \text{ für } m_0 = 0$$

$$\text{Ws}\left[\text{Dec}_{sk}(\text{Enc}_{pk}(m_1)) = m_1\right] \geq 1 - \frac{1}{2} = \frac{1}{2} \text{ für } m_1 = 1.$$

Beweis: Falls $m = 0$ die Nachricht ist, dann gilt $c = B \cdot y \oplus \nu'$ und es folgt:

$$\begin{aligned}
m &= \nu^T \cdot c \\
&= \nu^T \cdot (B \cdot y \oplus \nu') \\
&= \nu^T \cdot B \cdot y \oplus \nu^T \cdot \nu' \\
&= \nu^T \cdot \nu',
\end{aligned}$$

denn es gilt $\nu^T \cdot B \cdot y = 0$ wegen:

$$\begin{aligned}
B \cdot y \in \text{Ker}(\tilde{A}^T) &\Rightarrow \tilde{A}^T \cdot B \cdot y = 0 \\
&\Rightarrow (b|A)^T \cdot B \cdot y = 0 \\
&\Rightarrow \left(\frac{b^T}{A^T}\right) \cdot B \cdot y = 0 \\
&\Rightarrow b^T \cdot B \cdot y = 0 \wedge A^T \cdot B \cdot y = 0 \\
&\Rightarrow (A \cdot x \oplus \nu)^T \cdot B \cdot y = 0 \wedge A^T \cdot B \cdot y = 0 \\
&\Rightarrow x^T \cdot A^T \cdot B \cdot y \oplus \nu^T \cdot B \cdot y = 0 \wedge A^T \cdot B \cdot y = 0
\end{aligned}$$

Zweite Gleichung in die erste Gleichung einsetzen, liefert $\nu^T \cdot B \cdot y = 0$.

Nun betrachten wir das Produkt $\nu^T \cdot \nu'$ genauer. Beide Faktoren sind Vektoren, die gemäß $Ber_{2n,\eta}$ verteilt sind. Die Wahrscheinlichkeit, dass eine Komponente eines solchen Vektors gleich 1 ist, beträgt η. Somit beträgt die Wahrscheinlichkeit, dass beide Vektoren an derselben festen Stelle i eine 1 haben, η^2.

Damit im Fall $m = 0$ korrekt entschlüsselt wird, muss $\nu^T \cdot \nu' = 0$ gelten. Wir wollen nun die Wahrscheinlichkeit für Entschlüsselungsfehler, also für den Fall, dass $\nu^T \cdot \nu' = 1$ gilt, analysieren. Es gilt:

$$
\begin{aligned}
\text{Ws}\left[\nu^T \cdot \nu' = 1\right] &= \text{Ws}\left[\sum_{i=1}^{2n} \nu_i \cdot \nu_i' = 1\right] \\
&= 1 - \underbrace{\text{Ws}\left[\sum_{i=1}^{2n} \nu_i \cdot \nu_i' = 0\right]}_{\geq 2n \cdot \text{Ws}\left[\nu_i \cdot \nu_i' = 0\right]} \\
&\leq 1 - 2n \cdot \text{Ws}\left[\nu_i \cdot \nu_i' = 0\right] \\
&= 1 - 2n \cdot \underbrace{(1-\eta)^2}_{\geq \eta^2,\ \text{da}\ \eta \in (0, \frac{1}{2})} \\
&\leq 1 - 2n \cdot \eta^2
\end{aligned}
$$

Da $\eta = \sqrt{\frac{3}{8n}}$ gewählt wurde, gilt $\text{Ws}\left[\nu^T \cdot \nu' = 1\right] \leq \frac{1}{4}$.

Falls $m = 1$ die Nachricht ist, dann gilt $c \in_R \mathbb{F}_2^{2n}$ und die Gleichung $m := \nu^T \cdot c = 0$ tritt mit einer Wahrscheinlichkeit von $\frac{1}{2}$ auf.

$\implies$ Entschlüsselungsfehler treten im Fall $m = 0$ mit einer Wahrscheinlichkeit von höchstens $\frac{1}{4}$ und im Fall $m = 1$ mit einer Wahrscheinlichkeit von $\frac{1}{2}$ auf. $\qquad\square$

Jedoch ist eine Fehlerwahrscheinlichkeit von $\frac{1}{2}$ bzw. $\frac{1}{4}$ nicht erwünscht, weshalb wir unser Verschlüsselungsverfahren erweitern wollen, indem wir die Verschlüsselung von Π_{LPN} mehrmals anwenden.

Definition 4.3 (Π'_{LPN} **Verschlüsselungsverfahren**). *Sei $k = 96n$ und $\eta = \sqrt{\frac{3}{8n}}$, wobei n ein Sicherheitsparameter ist. Das Public-Key Verschlüsselungsverfahren $\Pi'_{\text{LPN}} = (\text{Gen}', \text{Enc}', \text{Dec}')$ ist wie folgt definiert:*

1. **Gen′**: *Die Schlüssel werden gemäß* Gen *gewählt.*

   Schlüssel: $pk = B$, $sk = (B, \nu)$.

2. **Enc′**: *Für eine Nachricht $m \in \{0, 1\}$: $\forall i = 1, \ldots, k$*

   - *falls $m = 1$, wähle $c_i \in_R \mathbb{F}_2^{2n}$*
   - *falls $m = 0$, berechne $c_i = B \cdot y \oplus \nu'$ mit $y \in_R \mathbb{F}_2^n$ und $\nu' \leftarrow Ber_{2n,\eta}$.*

   (entspricht der k-maligen Anwendung der Verschlüsselung Enc*)*

   Ausgabe: $c = (c_1, \ldots, c_k)$.

3. **Dec′**: *Für einen Chiffretext $c = (c_1, \ldots, c_k) \in \mathbb{F}_2^{2n \times k}$ berechne $m_i' := \nu^T \cdot c_i \ \forall i = 1, \ldots, k$. Falls weniger als $\frac{3}{8}k$ der m_i' gleich 0 sind, setze $m = 0$ und falls mindestens $\frac{3}{8}k$ der m_i' gleich 1 sind, setze $m = 1$ (Mehrheitsentscheidung).*

   Ausgabe: m.

Lemma 4.4 (Korrektheit von Π'_{LPN}). *Für das Verschlüsselungsverfahren Π'_{LPN} gilt:*

$$\forall n, (pk, sk) \leftarrow \text{Gen}'(1^n) : \ \text{Ws}\left[\text{Dec}'_{sk}(\text{Enc}'_{pk}(m)) = m\right] \geq 1 - negl(n).$$

Beweis: Wir definieren $m' = \text{Dec}_{sk}(\text{Enc}_{pk}(m))$, dann gilt nach Lemma 4.2: Wenn $m = 0$ der Klartext ist, dann gilt $\text{Ws}[m' = 1] := p_0 \leq \frac{1}{4}$ und wenn $m = 1$ der Klartext ist, dann gilt $\text{Ws}[m' = 1] := p_1 = \frac{1}{2}$.

Um jetzt die Korrektheit von Π'_{LPN} näher zu betrachten, müssen wir auf die im Satz 2.6 erwähnten Chernoff-Schranken zurückgreifen. Dazu müssen wir die Zufallsvariablen x_i definieren, und zwar als die m_i', also die i-ten Entschlüsselungen der einzelnen c_i, die man bei Π'_{LPN} erhält.

Sei $X = \sum_{i=1}^k x_i$. Wenn $m = 0$ die Nachricht ist, dann gilt für den Erwartungswert $E(X) = p_0 \cdot k \leq \frac{1}{4} \cdot k$ und wenn $m = 1$ die Nachricht ist, dann gilt für den Erwartungswert $E(X) = p_1 \cdot k = \frac{1}{2} \cdot k$.

Für die Mehrheitsentscheidung machen wir Folgendes:

19

Da die Zahl $\frac{3}{8}$ genau zwischen $\frac{1}{4}$ und $\frac{1}{2}$ liegt, geben wir $m = 0$ aus, wenn $X < \frac{3}{8} \cdot k$ und $m = 1$, wenn $X \geq \frac{3}{8} \cdot k$ gilt. Nun müssen wir die Chernoff-Schranken benutzen.

Im Fall $m = 0$ hat man falsch entschlüsselt, falls die Summe X um mehr als den Faktor $1 + \frac{1}{2}$ vom Erwartungswert $E(X) \leq \frac{1}{4} \cdot k$ abweicht (der Faktor muss $1 + \frac{1}{2}$ sein, da $(1 + \frac{1}{2}) \cdot \frac{1}{4} \cdot k = \frac{3}{8} \cdot k$ genau der Grenze bei der Mehrheitsentscheidung entspricht), also

$$\text{Ws}\left[X \geq (1 + \tfrac{1}{2}) \cdot \tfrac{1}{4}k\right] \leq \mathrm{e}^{-\frac{1}{12} \cdot \frac{1}{4} \cdot k} = \mathrm{e}^{-\frac{1}{48} \cdot k} = \mathrm{e}^{-2n} = negl(n),$$
$$\text{da wir } k = 96n \text{ gewählt haben.}$$

Im Fall $m = 1$ hat man falsch entschlüsselt, falls die Summe X um weniger als den Faktor $1 - \frac{1}{4}$ vom Erwartungswert $E(X) = \frac{1}{2} \cdot k$ abweicht (der Faktor muss $1 - \frac{1}{4}$ sein, da $(1 - \frac{1}{4}) \cdot \frac{1}{2} \cdot k = \frac{3}{8} \cdot k$ genau wieder der Grenze bei der Mehrheitsentscheidung entspricht), also

$$\text{Ws}\left[X \leq (1 - \tfrac{1}{4}) \cdot \tfrac{1}{2}k\right] \leq \mathrm{e}^{-\frac{1}{16} \cdot \frac{1}{2} \cdot k} = \mathrm{e}^{-\frac{1}{32} \cdot k} = \mathrm{e}^{-3n} = negl(n),$$
$$\text{da wir } k = 96n \text{ gewählt haben.}$$

Insgesamt gilt:

$$\forall n, (pk, sk) \leftarrow \text{Gen}'(1^n): \ \text{Ws}\left[\text{Dec}'_{sk}(\text{Enc}'_{pk}(m)) = m\right] \geq 1 - negl(n).$$

Also lässt sich die Wahrscheinlichkeit für Entschlüsselungsfehler vernachlässigen. $\qquad\square$

4.3 Sicherheit des Verfahrens

In diesem Abschnitt wollen wir uns der Sicherheit dieses Verfahrens zuwenden. Im Nachfolgenden werden wir beweisen, dass Π_{LPN} CPA-sicher gegenüber LOR-Angreifern und somit auch CPA-sicher gegenüber IND-Angreifern ist (siehe Lemma 2.10), wenn das Decisional LPN-Problem hart ist. Zum Schluss werden wir die CPA-Sicherheit von Π'_{LPN} betrachten.

Satz 4.5 (LOR-CPA-**Sicherheit von** Π_{LPN}). *Wenn das* $\mathrm{DLPN}_{n,\eta}^{2n}$ *Problem* $(t, 1, \delta)$-*hart ist, dann ist das Verschlüsselungsverfahren* Π_{LPN} (t', δ')-*CPA-sicher im Sinne von Left-Or-Right. Es gilt:*

$$\delta' \leq 3 \cdot \delta \qquad und \qquad t' \approx t.$$

Beweis: Sei $\mathcal{A}$ ein Angreifer auf Π_{LPN} im LOR-CPA-Spiel. Betrachte folgendes Spiel:

Die Aufgabe des Angreifers besteht darin, zu entscheiden, ob er sich im Experiment $PubK_{\mathcal{A},\Pi}^{\mathsf{CPA}}(n, 0)$ oder im Experiment $PubK_{\mathcal{A},\Pi}^{\mathsf{CPA}}(n, 1)$ befindet, also ob m_0 oder m_1 verschlüsselt wurde. Wir müssen daher die Erfolgswahrscheinlichkeit des Angreifers betrachten:

$$\delta' = \left| \mathrm{Ws}\left[\mathcal{A}(PubK_{\mathcal{A},\Pi}^{\mathsf{CPA}}(n, 0)) = 1 \right] - \mathrm{Ws}\left[\mathcal{A}(PubK_{\mathcal{A},\Pi}^{\mathsf{CPA}}(n, 1)) = 1 \right] \right|.$$

Um diese Erfolgswahrscheinlichkeit genauer analysieren zu können, wird beim Beweis die Hybridtechnik angewandt, die bei vielen Sicherheitsbeweisen gebraucht wird. Die Idee besteht hier darin, dass man vier hybride Verteilungen definiert, bei denen die erste Verteilung genau der Verschlüsselung von m_0 und die vierte Verteilung der Verschlüsselung von m_1 entspricht. Die Verteilungen zwischen diesen beiden Extremen sind notwendig, um von der ersten zur vierten Hybridverteilung zu gelangen, wobei immer geringe Änderungen vorgenommen werden.

Das Ziel besteht darin, die Ununterscheidbarkeit zwischen den benachbarten Hybriden zu zeigen (wenn das **DLPN** Problem hart ist) und somit auf die Ununterscheidbarkeit des ersten und letzten Hybrides zu schließen. Die vier hybriden Verteilungen definieren wir folgendermaßen (dabei haben wir jeweils die Änderung im Vergleich zum vorherigen Hybrid mit einem Kasten kenntlich gemacht):

$\mathsf{H_0}$: $A \in_R \mathbb{F}_2^{2n \times n}$, $x \in_R \mathbb{F}_2^n$, $\nu \leftarrow Ber_{2n,\eta}$, $b := A \cdot x \oplus \nu$, $\tilde{A} := (b|A)$,

$\quad B \in_R \left\{ B \in \mathbb{F}_2^{2n \times n} : \mathrm{Im}(B) = \mathrm{Ker}(\tilde{A}^T) \right\}$, $y \in_R \mathbb{F}_2^n$, $\nu' \leftarrow Ber_{2n,\eta}$.

$\quad \Rightarrow pk = B$ und $c = B \cdot y \oplus \nu'$.

$\mathsf{H_1}$: $A \in_R \mathbb{F}_2^{2n \times n}$, $\boxed{b \in_R \mathbb{F}_2^{2n}}$, $\tilde{A} := (b|A)$,

$\quad B \in_R \left\{ B \in \mathbb{F}_2^{2n \times n} : \mathrm{Im}(B) = \mathrm{Ker}(\tilde{A}^T) \right\}$, $y \in_R \mathbb{F}_2^n$, $\nu' \leftarrow Ber_{2n,\eta}$.

$\quad \Rightarrow pk = B$ und $c = B \cdot y \oplus \nu'$.

$\mathsf{H_2}$: $A \in_R \mathbb{F}_2^{2n \times n}$, $b \in_R \mathbb{F}_2^{2n}$, $\tilde{A} := (b|A)$,

$\quad B \in_R \left\{ B \in \mathbb{F}_2^{2n \times n} : \mathrm{Im}(B) = \mathrm{Ker}(\tilde{A}^T) \right\}$.

$\quad \Rightarrow pk = B$ und $\boxed{c \in_R \mathbb{F}_2^{2n}}$.

$\mathsf{H_3}$: $A \in_R \mathbb{F}_2^{2n \times n}$, $x \in_R \mathbb{F}_2^n$, $\nu \leftarrow Ber_{2n,\eta}$, $\boxed{b := A \cdot x \oplus \nu}$, $\tilde{A} := (b|A)$,

$\quad B \in_R \left\{ B \in \mathbb{F}_2^{2n \times n} : \mathrm{Im}(B) = \mathrm{Ker}(\tilde{A}^T) \right\}$.

$\quad \Rightarrow pk = B$ und $c \in_R \mathbb{F}_2^{2n}$.

Man sieht, dass die Verteilung $\mathsf{H_0}$ exakt der Verschlüsselung von m_0 und die Verteilung $\mathsf{H_3}$ der Verschlüsselung von m_1 entspricht.

Wir wollen nun Folgendes zeigen:

Lemma 4.6. *Wenn das (mehrdimensionale) $\mathsf{DLPN}_{n,\eta}^{2n}$ Problem $(t,1,\delta)$-hart ist, dann gilt:*

1. *Die Hybride H_0 und H_1 sind (t,δ)-ununterscheidbar.*

2. *Die Hybride H_1 und H_2 sind (t,δ)-ununterscheidbar.*

3. *Die Hybride H_2 und H_3 sind (t,δ)-ununterscheidbar.*

D.h. für jeden Angreifer $\mathcal{A}$, der höchstens in Zeit t läuft, gilt:
$$\forall i = 0,1,2: \quad \left| \mathrm{Ws}\left[\mathcal{A}^{\mathsf{H}_i}(1^n, pk, c) = 1\right] - \mathrm{Ws}\left[\mathcal{A}^{\mathsf{H}_{i+1}}(1^n, pk, c) = 1\right] \right| \leq \delta.$$
Daraus folgt direkt, dass die Hybride H_0 und H_3 ununterscheidbar sind.

Beweis:

Zu 1.:

Sei $\mathcal{A}$ der Angreifer auf Π_{LPN}. Hier sei er ein Unterscheider für die Hybride H_0 und H_1. Wir konstruieren aus $\mathcal{A}$ einen Unterscheider $\mathcal{D}_1$ für das (mehrdimensionale) DLPN Problem, der $\mathcal{A}$ benutzt.

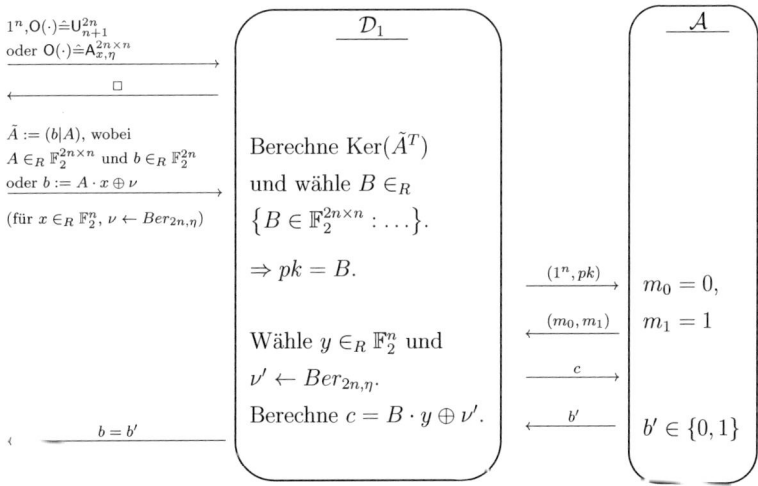

$b = 1$ bedeutet $\mathsf{O}(\cdot) \hat{=} \mathsf{A}_{x,\eta}^{2n\times n}$ und $b = 0$ bedeutet $\mathsf{O}(\cdot) \hat{=} \mathsf{U}_{n+1}^{2n}$

Analyse: Der Unterscheider $\mathcal{D}_1$ hat Zugriff auf ein Orakel, das entweder dem LPN-Orakel $\mathsf{A}_{x,\eta}^{2n\times n}$ oder dem Orakel U_{n+1}^{2n}, das uniforme Matrizen ausgibt, entspricht. Seine Aufgabe besteht darin, festzustellen, welche Verteilung/ welches Orakel benutzt wurde. Er ruft dieses auf und erhält eine Matrix $\tilde{A}$, mit der er den Public Key für die Verschlüsselung berechnen kann. Der Angreifer $\mathcal{A}$ ruft den Unterscheider zum Verschlüsseln auf und erhält einen Chiffretext c. Insgesamt erhält er also entweder Zugriff auf die Verteilung H_0 oder auf die Verteilung H_1. Da das DLPN Problem als hart angenommen wird, gilt für $\mathcal{D}_1$:

$$\left| \mathrm{Ws}\left[x \in_R \mathbb{F}_2^n : \mathcal{D}_1^{\mathsf{A}_{x,\eta}^{2n\times n}}(1^n) = 1 \right] - \mathrm{Ws}\left[\mathcal{D}_1^{\mathsf{U}_{n+1}^{2n}}(1^n) = 1 \right] \right| \leq \delta.$$

Sei also δ der Vorteil des Unterscheiders $\mathcal{D}_1$, dann gilt für den Vorteil von $\mathcal{A}$:

$$\begin{aligned}
\mathrm{P}_{0,1} &:= \left| \mathrm{Ws}\left[\mathcal{A}^{\mathsf{H}_0}(1^n, pk, c) = 1 \right] - \mathrm{Ws}\left[\mathcal{A}^{\mathsf{H}_1}(1^n, pk, c) = 1 \right] \right| \\
&= \left| \mathrm{Ws}\left[x \in_R \mathbb{F}_2^n : \mathcal{D}_1^{\mathsf{A}_{x,\eta}^{2n\times n}}(1^n) = 1 \right] - \mathrm{Ws}\left[\mathcal{D}_1^{\mathsf{U}_{n+1}^{2n}}(1^n) = 1 \right] \right| \\
&\leq \delta.
\end{aligned}$$

Sei t die Laufzeit des Unterscheiders und t' die Laufzeit des Angreifers. Da beide etwa dieselbe Anzahl an Schritten durchführen müssen, gilt: $t' \approx t$.

$\implies$ Die Hybride H_0 und H_1 sind ununterscheidbar.

Zu 2.:

Sei $\mathcal{A}$ der Angreifer auf Π_{LPN}. Hier sei er ein Unterscheider für die Hybride H_1 und H_2. Wir konstruieren aus $\mathcal{A}$ einen Unterscheider $\mathcal{D}_2$ für das (mehrdimensionale) DLPN Problem, der $\mathcal{A}$ benutzt.

$b = 1$ bedeutet $\mathsf{O}(\cdot) \hat{=} \mathsf{A}_{y,\eta}^{2n\times n}$ und $b = 0$ bedeutet $\mathsf{O}(\cdot) \hat{=} \mathsf{U}_{n+1}^{2n}$

Analyse: Der Unterscheider $\mathcal{D}_2$ hat Zugriff auf ein Orakel, das entweder dem LPN-Orakel $\mathsf{A}_{y,\eta}^{2n \times n}$ oder dem Orakel U_{n+1}^{2n}, das uniforme Matrizen ausgibt, entspricht. Seine Aufgabe besteht darin, festzustellen, welche Verteilung/ welches Orakel benutzt wurde. Der Angreifer $\mathcal{A}$ ruft den Unterscheider zum Verschlüsseln auf; dieser ruft das Orakel auf, erhält eine Matrix B, die er als Public-Key benutzt und einen Chiffretext c, der entweder zufällig oder LPN-verteilt ist. So erhält der Angreifer entweder Zugriff auf das Hybrid H_2 oder auf das Hybrid H_1. Die Matrix B, die benutzt wird, wird zufällig aus $\mathbb{F}_2^{2n \times n}$ gewählt, da Folgendes gilt:

Behauptung: *Wenn die Matrix B bezüglich der obigen Verteilung H_2 gewählt wird (d.h. mit $A \in_R \mathbb{F}_2^{2n \times n}$, $b \in_R \mathbb{F}_2^{2n}$, $\tilde{A} := (b|A)$, sodass $B \in_R \left\{ B \in \mathbb{F}_2^{2n \times n} : \operatorname{Im}(B) = \operatorname{Ker}(\tilde{A}^T) \right\}$), dann ist B uniform, d.h. $B \in_R \mathbb{F}_2^{2n \times n}$.*
(trivial aus Dimensionsgründen und da die Matrix $\tilde{A}$ uniform und somit der Kern der Transponierten dieser Matrix uniform ist)

Da das DLPN Problem als hart angenommen wird, gilt für $\mathcal{D}_2$:

$$\left| \mathrm{Ws}\left[y \in_R \mathbb{F}_2^n : \mathcal{D}_2^{\mathsf{A}_{y,\eta}^{2n \times n}}(1^n) = 1 \right] - \mathrm{Ws}\left[\mathcal{D}_2^{\mathsf{U}_{n+1}^{2n}}(1^n) = 1 \right] \right| \leq \delta.$$

Sei also δ der Vorteil des Unterscheiders $\mathcal{D}_2$, dann gilt für den Vorteil von $\mathcal{A}$:

$$
\begin{aligned}
\mathrm{P}_{1,2} &:= \left| \mathrm{Ws}\left[\mathcal{A}^{\mathsf{H}_1}(1^n, pk, c) = 1 \right] - \mathrm{Ws}\left[\mathcal{A}^{\mathsf{H}_2}(1^n, pk, c) = 1 \right] \right| \\
&= \left| \mathrm{Ws}\left[y \in_R \mathbb{F}_2^n : \mathcal{D}_2^{\mathsf{A}_{y,\eta}^{2n \times n}}(1^n) = 1 \right] - \mathrm{Ws}\left[\mathcal{D}_2^{\mathsf{U}_{n+1}^{2n}}(1^n) = 1 \right] \right| \\
&\leq \delta.
\end{aligned}
$$

Sei t die Laufzeit des Unterscheiders und t' die Laufzeit des Angreifers. Da beide etwa dieselbe Anzahl an Schritten durchführen müssen, gilt: $t' \approx t$.

$\implies$ Die Hybride H_1 und H_2 sind ununterscheidbar.

Zu 3.:

Sei $\mathcal{A}$ der Angreifer auf Π_{LPN}. Hier sei er ein Unterscheider für die Hybride H_2 und H_3. Wir konstruieren aus $\mathcal{A}$ einen Unterscheider $\mathcal{D}_3$ für das (mehrdimensionale) DLPN Problem, der $\mathcal{A}$ benutzt.

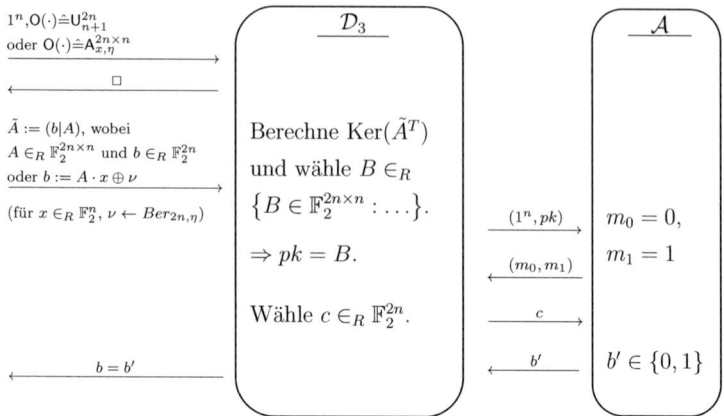

$b = 1$ bedeutet $\mathsf{O}(\cdot) \hat{=} \mathsf{A}_{x,\eta}^{2n \times n}$ und $b = 0$ bedeutet $\mathsf{O}(\cdot) \hat{=} \mathsf{U}_{n+1}^{2n}$

Analyse: Der Unterscheider $\mathcal{D}_3$ hat Zugriff auf ein Orakel, das entweder dem LPN-Orakel $\mathsf{A}_{x,\eta}^{2n \times n}$ oder dem Orakel U_{n+1}^{2n}, das uniforme Matrizen ausgibt, entspricht. Seine Aufgabe besteht darin, festzustellen, welche Verteilung/ welches Orakel benutzt wurde. Er ruft dieses auf und erhält eine Matrix $\tilde{A}$, mit der er den Public Key für die Verschlüsselung berechnen kann. Der Angreifer $\mathcal{A}$ ruft den Unterscheider zum Verschlüsseln auf und erhält einen Chiffretext c. Insgesamt erhält er also entweder Zugriff auf die Verteilung H_2 oder auf die Verteilung H_3. Da das DLPN Problem als hart angenommen wird, gilt für $\mathcal{D}_3$:

$$\left| \mathrm{Ws}\left[x \in_R \mathbb{F}_2^n : \mathcal{D}_3^{\mathsf{A}_{x,\eta}^{2n \times n}}(1^n) = 1 \right] - \mathrm{Ws}\left[\mathcal{D}_3^{\mathsf{U}_{n+1}^{2n}}(1^n) = 1 \right] \right| \leq \delta.$$

Sei also δ der Vorteil des Unterscheiders $\mathcal{D}_3$, dann gilt für den Vorteil von $\mathcal{A}$:

$$\begin{aligned}
\mathrm{P}_{2,3} &:= \left| \mathrm{Ws}\left[\mathcal{A}^{\mathsf{H}_3}(1^n, pk, c) = 1 \right] - \mathrm{Ws}\left[\mathcal{A}^{\mathsf{H}_2}(1^n, pk, c) = 1 \right] \right| \\
&= \left| \mathrm{Ws}\left[x \in_R \mathbb{F}_2^n : \mathcal{D}_3^{\mathsf{A}_{x,\eta}^{2n \times n}}(1^n) = 1 \right] - \mathrm{Ws}\left[\mathcal{D}_3^{\mathsf{U}_{n+1}^{2n}}(1^n) = 1 \right] \right| \\
&\leq \delta.
\end{aligned}$$

Sei t die Laufzeit des Unterscheiders und t' die Laufzeit des Angreifers. Da beide etwa dieselbe Anzahl an Schritten durchführen müssen, gilt: $t' \approx t$.

$\implies$ Die Hybride H_2 und H_3 sind ununterscheidbar. $\quad\square$

Nun können wir den Satz zur Sicherheit des Verfahrens Π_{LPN} beweisen.

Weiterführung des Beweises von Satz 4.5:

Wir wenden uns wieder unserem Anfangsproblem zu. Wir wollen die Erfolgswahrscheinlichkeit des Angreifers $\mathcal{A}$ im Left-Or-Right-Spiel analysieren:

$$
\begin{aligned}
\delta' &= \left| \mathrm{Ws} \left[\mathcal{A}(PubK^{\mathsf{CPA}}_{\mathcal{A},\Pi}(n,0)) = 1 \right] - \mathrm{Ws} \left[\mathcal{A}(PubK^{\mathsf{CPA}}_{\mathcal{A},\Pi}(n,1)) = 1 \right] \right| \\
&= \left| \mathrm{Ws} \left[\mathcal{A}^{\mathsf{H}_0}(1^n, pk, c) = 1 \right] - \mathrm{Ws} \left[\mathcal{A}^{\mathsf{H}_3}(1^n, pk, c) = 1 \right] \right| \\
&\leq \left| \mathrm{Ws} \left[\mathcal{A}^{\mathsf{H}_0}(1^n, pk, c) = 1 \right] - \mathrm{Ws} \left[\mathcal{A}^{\mathsf{H}_1}(1^n, pk, c) = 1 \right] \right| \\
&\quad + \left| \mathrm{Ws} \left[\mathcal{A}^{\mathsf{H}_1}(1^n, pk, c) = 1 \right] - \mathrm{Ws} \left[\mathcal{A}^{\mathsf{H}_3}(1^n, pk, c) = 1 \right] \right| \\
&\leq \left| \mathrm{Ws} \left[\mathcal{A}^{\mathsf{H}_0}(1^n, pk, c) = 1 \right] - \mathrm{Ws} \left[\mathcal{A}^{\mathsf{H}_1}(1^n, pk, c) = 1 \right] \right| \\
&\quad + \left| \mathrm{Ws} \left[\mathcal{A}^{\mathsf{H}_1}(1^n, pk, c) = 1 \right] - \mathrm{Ws} \left[\mathcal{A}^{\mathsf{H}_2}(1^n, pk, c) = 1 \right] \right| \\
&\quad + \left| \mathrm{Ws} \left[\mathcal{A}^{\mathsf{H}_2}(1^n, pk, c) = 1 \right] - \mathrm{Ws} \left[\mathcal{A}^{\mathsf{H}_2}(1^n, pk, c) = 1 \right] \right| \\
&\leq \delta + \delta + \delta = 3 \cdot \delta \quad \text{(nach Lemma 4.6)}
\end{aligned}
$$

Es gilt somit: $\quad \delta' \leq 3 \cdot \delta \quad$ und $\quad t' \approx t$

(da der DLPN-Unterscheider und der Angreifer $\mathcal{A}$ in etwa dieselbe Anzahl an Schritten durchzuführen haben).

$\Longrightarrow$ Das Public-Key Verschlüsselungsverfahren Π_{LPN} ist LOR-CPA-sicher. $\quad\square$

Aus der LOR-CPA-Sicherheit von Π_{LPN} (wenn das DLPN Problem hart ist) können wir mit Hilfe von Lemma 2.10, Proposition 3.4, Lemma 3.5 und Satz 4.5 weiter folgern:

Korollar 4.7 (IND-CPA-Sicherheit von Π_{LPN}). *Wenn das* CLPN$_{n,\eta}$ *Problem* $(t, 1, \delta)$*-hart ist, dann ist das Verschlüsselungsverfahren* Π_{LPN} $(\tilde{t}, \tilde{\delta})$*-CPA-sicher im Sinne von* IND. *Es gilt:*

$$
\tilde{\delta} \leq \frac{3}{8} \cdot \delta \qquad und \qquad \tilde{t} = \mathcal{O}(t \cdot n \cdot \delta^{-2} \cdot \log n).
$$

Beweis: Sei das CLPN$_{n,\eta}$ Problem $(t, 1, \delta)$-hart, dann ist nach Lemma 3.5 das DLPN$_{n,\eta}$ Problem $(\mathcal{O}(l \cdot n \cdot \delta^{-2} \log n), \mathcal{O}(1 \cdot \delta^{-2} \cdot \log n), \frac{\delta}{4})$-hart. Mit Proposition 3.4 folgt dann, dass das DLPN$^{2n}_{n,\eta}$ Problem $(\mathcal{O}(t \cdot n \cdot \delta^{-2} \cdot \log n), \frac{\mathcal{O}(1 \cdot \delta^{-?} \cdot \log n)}{2n}, \frac{\delta}{4})$-hart ist.

Nach Satz 4.5 ist Π_{LPN} nun $(\mathcal{O}(t \cdot n \cdot \delta^{-2} \cdot \log n), \frac{3}{4}\delta)$-CPA-sicher im Sinne von Left-Or-Right und letztendlich können wir mit Lemma 2.10 folgern, dass es auch $(\mathcal{O}(t \cdot n \cdot \delta^{-2} \cdot \log n), \frac{3}{8}\delta)$-CPA-sicher im Sinne von IND ist. $\square$

Die IND-CPA-Sicherheit des Verschlüsselungsverfahrens Π'_{LPN} folgt aus der Tatsache, dass das Verfahren Π'_{LPN} im IND-CPA-Spiel $PubK^{\text{CPA}}_{\mathcal{A},\Pi'_{\text{LPN}}}(n)$ genau dem Verfahren Π_{LPN} im sogenannten MULT-IND-CPA-Spiel $PubK^{\text{MULT-CPA}}_{\mathcal{A},\Pi_{\text{LPN}}}(n)$ mit den Nachrichtenblöcken $M_0 = 0^k$ und $M_1 = 1^k$ entspricht. Die genaue Definition des MULT-IND-CPA-Spiels lese man in [4, S.340f] nach. Wir folgern daraus folgenden Satz, dessen Beweis mit [4, S.344ff] vergleichbar wäre:

Satz 4.8 (IND-CPA-**Sicherheit von** Π'_{LPN})**.** *Das Verfahren* Π_{LPN} *ist genau dann* IND-CPA-*sicher, wenn* Π_{LPN} MULT-IND-CPA-*sicher (und somit* Π'_{LPN} IND-CPA-*sicher) ist.*

Somit haben wir gezeigt, dass die Verfahren Π_{LPN} und Π'_{LPN} sicher gegenüber Chosen Plaintext Angriffen sind, und kommen damit zum Ende unserer Ausarbeitung über das LPN-Problem und seine Kryptosysteme.

5 Zusammenfassung und Ausblick

Wir haben in dieser Arbeit die verschiedenen CPA-Sicherheitsmodelle, das LPN-Problem mit seinen Varianten und Eigenschaften, sowie ein Verfahren, das darauf basiert, vorgestellt. Die anfänglich ungünstige Korrektheit des Kryptosystems haben wir durch mehrfache Verschlüsselung gut gelöst und können nun nahezu fehlerfrei entschlüsseln. Die CPA-Sicherheit haben wir im Detail bewiesen, indem wir auf das weit verbreitete Hybrid-Argument zurückgegriffen haben.

Der nächste Schritt wäre, dieses Verfahren zu verbessern und für einen größeren Nachrichtenraum zu definieren. Man könnte ähnlich wie in [9] die Nachricht eventuell vorher mit einem Error-Correcting Code versehen. Generell sollten mehr Verfahren entwickelt werden, die auf der LPN-Annahme basieren, da man daran denken muss, dass Quantenrechner vielleicht in naher Zukunft wirklich einsatzfähig werden könnten und dann Kryptosysteme notwendig sind, die absolut sicher sind und nicht geknackt werden können. Hierfür liefert das LPN-Problem eine sehr gute Basis.

Literatur

[1] HOPPER, N. J. und BLUM, M.: A secure human-computer authentication scheme. Technical Report of Carnegie Mellon University CMU-CS-00-139, 2000.

[2] ALEKHNOVICH, M.: More on average case vs approximation complexity. In: *Proc. 44th Annual IEEE Symp. On Foundations of Computer Science (FOCS)*, S. 298-307, 2003.

[3] MCELIECE, R.J.: A public-key cryptosystem based on algebraic coding theory. In: *JPL DSN Progress Report*, S. 114-116, 1978.

[4] KATZ, J. und LINDELL, Y.: *Introduction to Modern Cryptography*. Boca Raton 2008.

[5] SCHINDELHAUER, C.: *Algorithmen für Peer-to-Peer Netzwerke* (Vorlesungsmaterialien), http://wwwcs.upb.de/cs/ag-madh/WWW/Teaching/2004SS/AlgoP2P/skript.html, Universität Paderborn, 2004.

[6] KATZ J., SHIN J.S., SMITH A.: Parallel and Concurrent Security of the HB and HB$^+$ Protocols. In: *Journal of Cryptology*, 23(3), S. 402-421, 2010.

[7] BLUM A., KALAI A., WASSERMANN H.: Noise-tolerant Learning, the Parity Problem, and the Statistical Query Problem. In: *Journal of the ACM 50,4*, S. 506-519, 2003.

[8] LEVIEIL, E. und FOUQUE, P.-A.: An improved LPN algorithm. In: *Proceedings of SCN 2006*, LNCS 4116, S. 348-359, 2006.

[9] GILBERT H., ROBSHAN M., SEURIN Y.: How to Encrypt with the LPN Problem. In: ICALP 2008, Part II, *Lecture Notes in Computer Science*, vol. 5126, S. 679-690, 2008.